安全確認

玉掛け・クレーン等の災害の防止

中央労働災害防止協会

序

　クレーン等※は荷の移動や運搬に欠かせない機械装置で、多くの事業場で使用されています。特に製造業においては工場周辺や工場内での材料・製品の搬出入、移動などで活躍しています。

　しかしその一方で、玉掛け・クレーン等の作業での労働災害は後を絶たず、「つり荷が作業者に激突」「つり荷が崩れて激突」「天井クレーンなどの点検作業中に高所から墜落」「積載形クレーンの転倒によるはさまれ」などの災害が発生しています。

　これらの災害を防止するには、玉掛けやクレーン等による作業を行うにあたり、事前に十分な作業計画を立て、有資格者が安全で適正な方法により行うことが大切です。

　本書は玉掛けとクレーン等作業を安全に進めるための基本的な知識から実務上の事項までを載せています。作業計画作成の参画者、監督者をはじめ、玉掛け・クレーン等の作業の従事者に向けたポケットブックとして活用され、玉掛け・クレーン等の災害の防止にお役に立てば幸いです。

－ご安全に！－

中央労働災害防止協会

※　本書では「クレーン等」とは「クレーン」及び「移動式クレーン」のことをいいます。

目 次

I 玉掛け・クレーン等作業に必要な法定資格（表）　2

II 玉掛け作業の安全
- A　玉掛け用具の主な種類 ･･ 3
- B　玉掛け用具の管理 ･･ 4
- C　玉掛けの方法 ･･･ 4
- D　玉掛け作業 ･･･ 6

III クレーン等作業の安全
- E　クレーンの種類 ･･ 8
- F　移動式クレーンの種類 ･･ 9
- G　クレーン作業
  - ①　天井クレーンの点検作業 ････････････････････････････････ 10
  - ②　橋形クレーン(床上操作式)による作業 ･･････････････････ 11
  - ③　テルハによる作業 ･･････････････････････････････････････ 12
- H　移動式クレーン作業
  - ①　ホイールクレーンによる作業 ････････････････････････････ 13
  - ②　積載形トラッククレーンによる駐車等 ････････････････････ 14
  - ③　積載形トラッククレーンによる作業 ････････････････････ 15

IV 事例編
- I　玉掛けワイヤロープの切断による災害と対策 ･････････････････ 16
- J　長尺物のつり荷による災害と対策 ･････････････････････････････ 17
- K　天井クレーンの点検時の災害と対策 ･････････････････････････ 18
- L　積載形トラッククレーンによる災害と対策 ･･･････････････････ 19
- M　床上操作式クレーンによる災害と対策 ･･････････････････････ 20
- N　大型移動式クレーンによる災害と対策 ･･･････････････････････ 21

V 資料編
- O　クレーンの主な安全管理 ･････････････････････････････････････ 22
- P　移動式クレーンの主な安全管理 ･･････････････････････････････ 23
- Q　玉掛けの主な安全管理 ･･･････････････････････････････････････ 24

I 玉掛け・クレーン等作業に必要な法定資格（表）

【玉掛けの業務】

	つり上げ荷重		
	1t以上	1t未満	
玉掛け技能講習を修了した者	○	○	(ク則第221条)
玉掛けの業務に関する安全のための特別の教育を修了した者	×	○	(ク則第222条)

【クレーンの運転】

	つり上げ荷重					
	5t以上				5t未満	
	クレーン（無線操作式を含む）	床上運転式クレーン	床上操作式クレーン	跨線テルハ	全てのクレーン等	
クレーン・デリック運転士免許を受けた者	○	○	○	○	○	(ク則第22条)
床上運転式クレーンに限定したクレーン運転士免許を受けた者	×	○	○	○	○	(ク則第224条の4)
床上操作式クレーン運転技能講習を修了した者	×	×	○	○	○	(ク則第22条)
クレーンの運転の業務に関する安全のための特別の教育を修了した者	×	×	×	○	○	(ク則第21条)

【移動式クレーンの運転】

	つり上げ荷重			
	5t以上	1t以上5t未満	1t未満	
移動式クレーン運転士免許を受けた者	○	○	○	(ク則第68条)
小型移動式クレーン運転技能講習を修了した者	×	○	○	(ク則第68条)
移動式クレーンの運転の業務に関する安全のための特別の教育を修了した者	×	×	○	(ク則第67条)

（ク則：「クレーン等安全規則」）

Ⅱ 玉掛け作業の安全

A 玉掛け用具の主な種類

(1) 玉掛け用ワイヤロープ [安全係数6以上]

(a)両端アイスプライス　　　　　　　(b)両端圧縮止め

(c)両端圧縮止め（両シンブル入り）、片端リング、片端フック

(2) ベルトスリング [安全係数5以上]

(a)両端アイ形　※「アイ」とはいわゆる蛇口（へびぐち）をいう。

(b)エンドレス形　　　　　　(c)両端金具付き（○環とフック）

(3) つりチェーン
[安全係数5以上]

＊ベルトスリングに比べて
熱に強く伸びが少ない

(4) その他
（補助フック、クランプ、
ハッカー、シャックル、
つりビーム等）

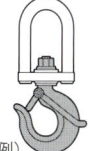

（絶縁フックの例）

ご安全に！その1 玉掛け作業は作業に関わる全員の連携が重要！

　玉掛け作業は「玉掛け作業責任者」「玉掛け者」「合図者」「クレーン等運転者」等の作業者が連携をとり、周囲の安全を確認しながら適正な方法で玉掛けを行い、はっきりと明確な合図で作業を進めることが重要です。

　安全に作業を実施するための適切な措置、作業者が実施する事項について、「玉掛け作業の安全に係るガイドライン」（平成12年基発第96号の2）に具体的に示されています。

　同ガイドラインに沿って玉掛け作業による労働災害の防止に努めましょう。

B 玉掛け用具の管理

☆安全な管理、及び安全な状態

(1)不適格なワイヤロープ[*1]を使用していないか　□
(2)不適格なつりチェーン[*2]を使用していないか　□
(3)不適格なつり繊維ロープ等[*3]を使用していないか　□
(4)不適格なフック、シャックル等[*4]を使用していないか　□
(5)フックに外れ止め装置はあるか。破損していないか　□
(6)チェーンブロック、つりクランプ等は
　　定格荷重等の範囲内で使用しているか　□
(7)作業開始前の点検をしているか　□

*1　1)ワイヤロープ1(ひと)よりの間において素線の数の10%以上の素線が切断しているもの　2)直径の減少が公称径の7%をこえるもの　3)キンクしたもの　4)著しい形くずれ又は腐食があるもの【ク則第215条】

*2　1)伸びが製造されたときの長さの5%をこえるもの　2)リンクの断面の直径の減少が製造されたときの断面の直径の10%をこえるもの　3)き裂があるもの【ク則第216条】

*3　1)ストランドが切断しているもの　2)著しい損傷又は腐食があるもの【ク則第218条】

*4　金具の変形しているもの又はき裂があるもの【ク則第217条】

C 玉掛けの方法

(1)クレーンのフックにワイヤロープを掛ける主な方法

①目掛け（アイ掛け）

(a)1本つり[*1]　(b)2本つり　(c)4本つり

*1　1本つりはつり荷が回転しやすくワイヤロープが損傷しやすいので原則禁止としましょう。

②半掛け　　　　　③あだ巻き掛け　　　　④肩掛け

(2) つり荷にワイヤロープ掛ける主な方法

① 目通しつり(シャックル掛け)　② 半掛け

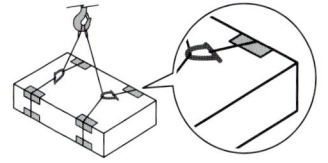
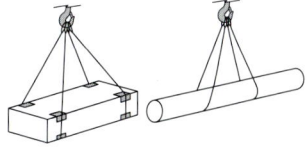

③ あだ巻きつり

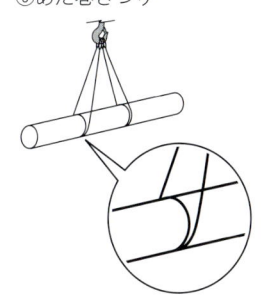

はかま(つり袋※)

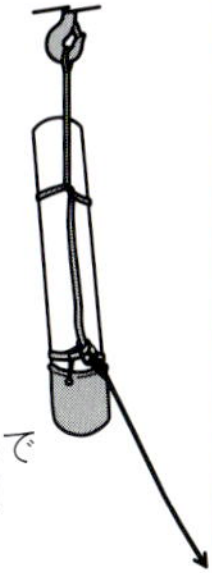

長尺物を狭いところで
つり上げるのに便利

※帆袋等の丈夫な物

(3) 2本づりの玉掛けロープのつり角度と張力

つり角度が大きくなるに従ってワイヤロープにかかる張力は大きくなる。

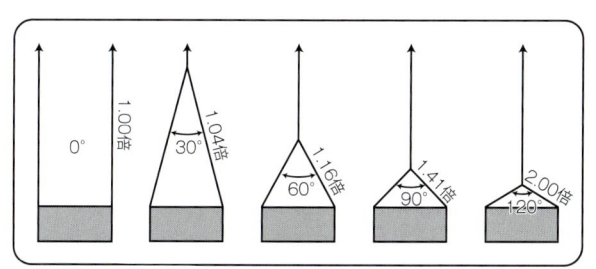

図　つり角度と張力

D 玉掛け作業

こんな玉掛けを行っていませんか

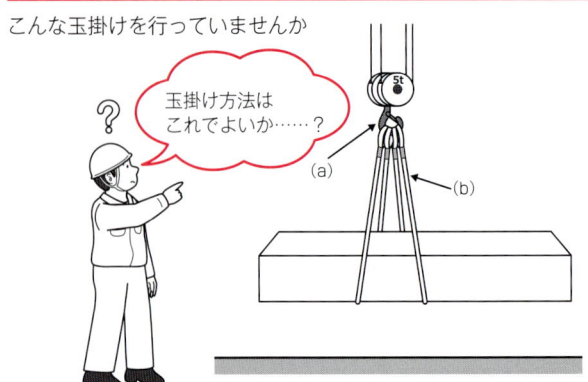

【危険な玉掛け方法】
- (a) 小さいフック(外れ止めが弱いものが多い)に両端アイ形ベルトスリングを2本4点半掛け
  ⇒ フックからアイが外れてつり荷が落ちるおそれがある
- (b) つり角度が小さい(約30度以下)
  ⇒ 角度が小さいと長尺物は安定せず荷崩れを起こすおそれがある

☆安全な管理、及び安全な状態
(1) 玉掛け作業者は有資格者か〔p2確認〕 □
(2) つり荷の質量・形状・つり角度に
　　応じた玉掛け用具を選択したか □
(3) 作業手順書の内容を確認したか □
(4) 作業配置、合図の方法を確認しているか □
(5) つり荷の搬送経路、揚げる高さ、深さを確認をしたか □
(6) 合図者等が移動する経路に障害物・開口部等がないか □
(7) 関係者以外の立入禁止措置をしているか □

☆安全な行動
(1) 保護帽・安全靴・作業服・手袋等を着用しているか □
(2) 適正な玉掛け方法で玉掛けをしているか □

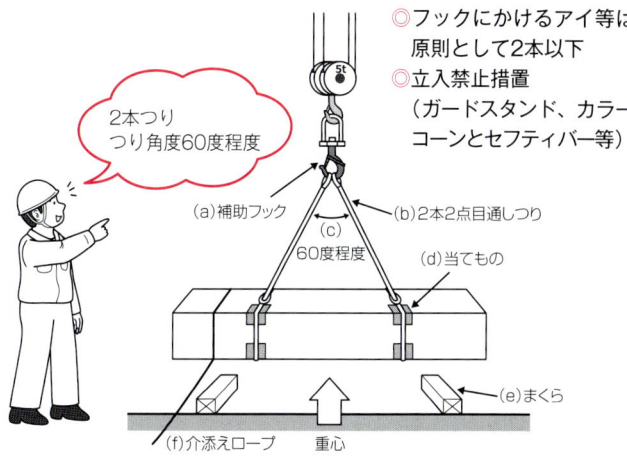

(a) 絶縁フック等の補助フック（堅固な外れ止め装置のあるもの）(p3 参照)
(b) 両端アイ形ベルトスリングを2本2点目通しつり　(c) つり角度は60度程度
(d) 角に当てもの　(e) まくら（受け台）　(f) 介添えロープの使用

(3) **微動巻上げ、地切り直前（ワイヤが張った時点）に一旦停止**をしたか　☐
　　1) つり荷は水平か、荷崩れしていないか　☐
　　2) 当てものはワイヤ（又はスリング）から外れていないか　☐
(4) 微動巻上げ、**地切り後の一旦停止**をしたか　☐
　　1) つり荷は安定しているか　☐
　　2) 用具の取付状態はよいか　☐
(5) **介添えロープ**を使用しているか（荷振れ防止）　☐
(6) **つり荷の下に立入り**していないか　☐
(7) 着地位置にまくらを用意しているか（丸形の荷は歯止めも）　☐
(8) 巻下げ、着地前に一旦停止をしたか（位置の確認）　☐
(9) **着地後の一旦停止**をしたか　☐
　　1) 荷は水平に置いたか（荷崩れはないか）　☐
　　2) ワイヤ（又はスリング）が荷の下敷きになっていないか　☐
(10) ワイヤ（又はスリング）を**クレーンで引き抜い**ていないか　☐

Ⅲ クレーン等作業の安全

E クレーンの種類

(1) クレーンの型式による分類

(a) 天井クレーン
ランウェイのレール上、又はレールから懸垂されて走行するガーダ上にトロリを有する。

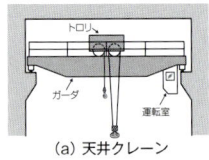
(a) 天井クレーン

(b) 橋形クレーン
レール上を走行する脚をもつ桁にトロリ又はジブクレーンを有する。脚が片側のものも含む。

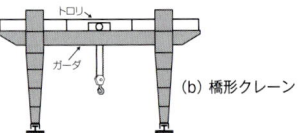
(b) 橋形クレーン

(c) ジブクレーン
ジブを有するクレーン。建屋の壁や柱に取り付けられた壁クレーンも含まれる。

(d) テルハ
固定構造物に取りつけたレールに沿って移動するクレーン。トロリにはホイスト等が含まれる。
「跨線テルハ」は鉄道で線路をまたいで使用するクレーン

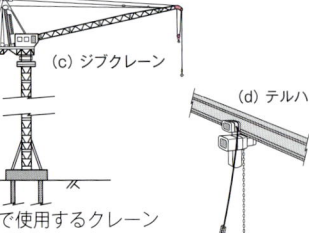
(c) ジブクレーン　　(d) テルハ

＊この他にアンローダ、ケーブルクレーン、スタッカークレーンなどがある。

(2) クレーンの操作による分類

(a) 床上操作式クレーン

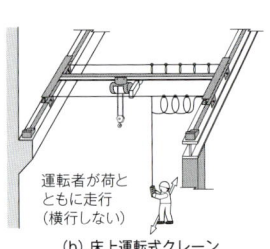
(b) 床上運転式クレーン

F　移動式クレーンの種類

(1) クレーンの型式による分類

(a) ホイールクレーン
（ラフテレーンクレーン）
走行とすべてのクレーン操作を
上部旋回体にある運転室より行う。
四輪駆動で、四輪ステアリングも
ある。通称「ラフター」と呼ばれ
ている。

(a) ホイールクレーン（ラフテレーンクレーン）

(b) トラッククレーン
（トラッククレーン）
クレーン専用のシャシーに
クレーン装置を搭載したもので、
走行とクレーン操作の運転室は
別になっている。

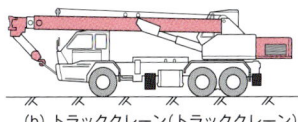
(b) トラッククレーン（トラッククレーン）

（積載形トラッククレーン）
トラックの荷台と運転室の間に
小型のクレーン装置を搭載した
もの。

(b) トラッククレーン（積載形トラッククレーン）

(c) クローラクレーン
走行用のクローラを装備した台車の上
にクレーン装置を搭載したもの。

＊このほかに鉄道クレーン、浮きクレーンなどがある。　(c) クローラクレーン

G クレーン作業 ① 天井クレーンの点検作業

※天井クレーンによる作業の安全確認事項についてはp11を参照。

◎点検作業中であることを周知
◎墜落防止措置

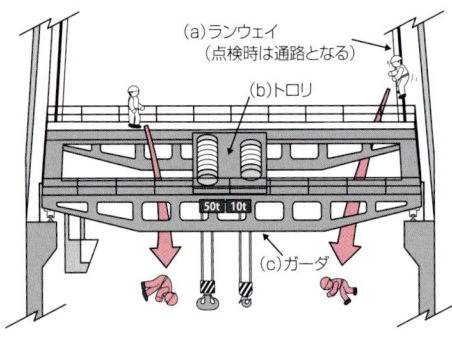

(a)ランウェイ
（点検時は通路となる）
(b)トロリ
(c)ガーダ

☆安全な管理、及び安全な状態
(1)工場内の関係者に点検作業の実施を連絡したか　□
(2)クレーンの電源を切り、「点検作業中」の表示をしたか　□
(3)通行人の見える位置に「高所作業中」の垂れ幕を下ろしているか　□
(4)法定資格等の確認をしたか　□
(5)固定はしごに安全ブロックを設置したか　□
(6)点検作業者全員に安全帯等の使用を命じたか　□
(7)ガーダ上に手すりと水平親綱等を設置しているか　□
(8)トロリ・ガーダ走行の電源は絶縁防護をしているか　□
(9)ガーダ間に安全ネットを張っているか　□
(10)ランウェイに水平親綱等を設置しているか　□
(11)投光器を携帯し、適正な照度を確保しているか　□

☆安全な行動
(1)保護帽（ヘッドランプ付き）、安全帯を着用しているか　□
(2)固定はしごの昇降及びガーダ上等の移動は安全帯を使用しているか　□
(3)作業手順書等をもとに適切に行なっているか　□

G クレーン作業 ② 橋形クレーン（床上操作式）による作業

◎つり荷の移動範囲内は立入禁止
◎クレーンの走路に区画表示

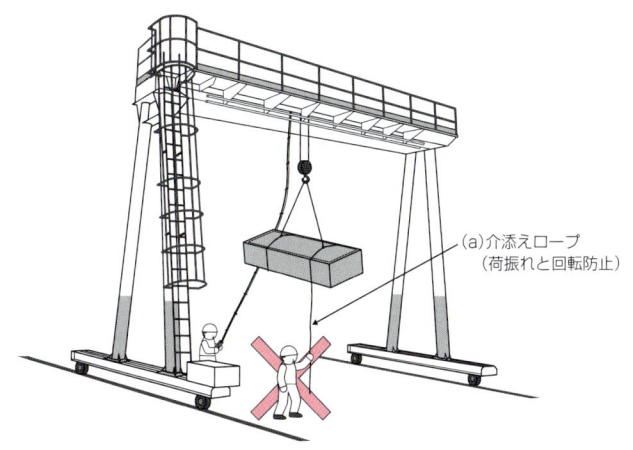

(a)介添えロープ
（荷振れと回転防止）

☆安全な管理、及び安全な状態
〔※ p20 参照〕

(1)玉掛け者、クレーン運転者の法定資格等の確認をしたか〔p2確認〕 □
(2)クレーン脚部の側面と前後に防護板※はあるか □
(3)作業者通路とクレーン走路との区画表示※をしているか □
(4)巻過防止装置とフックの外れ止め装置は破損していないか □
(5)適正な玉掛け用具を使用しているか □
(6)合図方法を定め、合図者を指名しているか □

☆安全な行動（玉掛け者を主とし、補助作業者も対象）

(1)適正な玉掛け方法をしているか □
(2)介添えロープを使用しているか □
(3)つり荷は定格荷重以下としているか □
(4)つり荷の下へ立入りしていないか □

G　クレーン作業　③　テルハによる作業

◎つり荷の真下と
　移動範囲の下は立入禁止

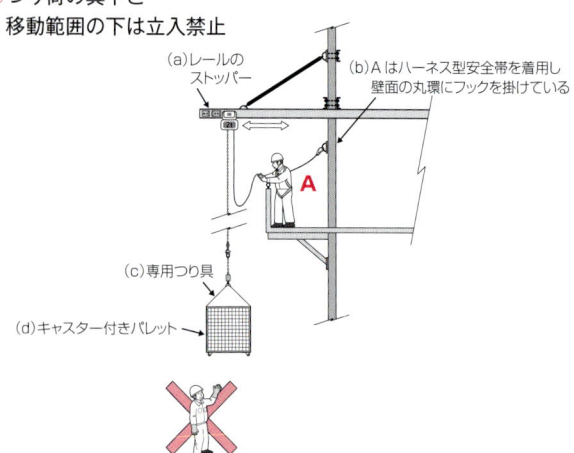

(a)レールのストッパー
(b)Aはハーネス型安全帯を着用し壁面の丸環にフックを掛けている
(c)専用つり具
(d)キャスター付きパレット

☆安全な管理、及び安全な状態
　(1)玉掛け者、クレーン運転者の法定資格等の確認をしたか〔p2確認〕　□
　(2)操作者Aは安全な操作場所を確保しているか　□
　(3)巻過防止装置を正しくセットしているか　□
　(4)適正な玉掛け用具を使用しているか　□
　(5)フックに外れ止め装置はあるか。破損していないか　□
　(6)合図方法を定め、合図者を指名しているか　□
　(7)レールのストッパー(ボルト止めが良い)(a)は堅固か　□

☆安全な行動
　(1)適正な玉掛け方法をしているか　□
　(2)合図者はつり荷の下へ立入りしていないか　□
　(3)つり荷の移動範囲内を立入禁止措置をしたか(カラーコーンとセフティバー)　□
　(4)つり荷は、定格荷重以下にしているか　□

H　移動式クレーン作業　①　ホイールクレーンによる作業

◎入場時にクレーン検査証を確認[※1]
◎強風時は作業中止[※2]

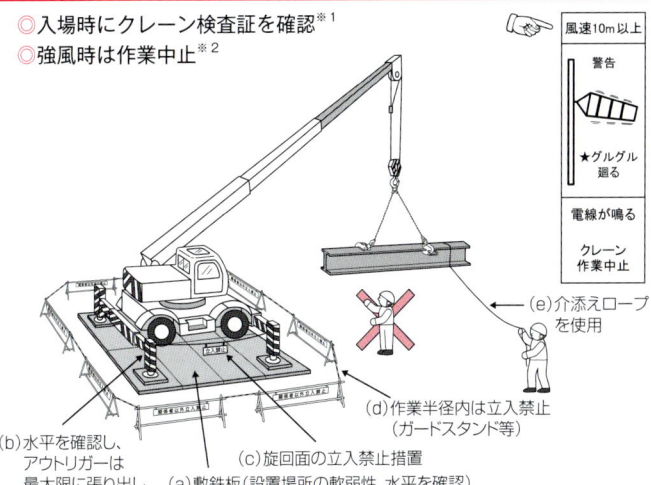

※1　ホイールクレーンはレンタルが多い　※2　風速が毎秒10m以上のとき

☆安全な管理、及び安全な状態
(1)玉掛け者、クレーン運転者の法定資格等の確認をしたか〔p2確認〕　□
(2)作業計画に基づき作業しているか（関係者にも周知）　□
(3)巻過防止装置とフックの外れ止め装置は破損していないか　□
(4)適正な玉掛け用具を使用しているか　□
(5)合図方法を定め、合図者を指名しているか　□

☆安全な行動
(1)適正な玉掛け方法をしているか　□
(2)合図者はつり荷の下へ立入りしていないか　□
(3)介添えロープを使用しているか　□
(4)つり荷は定格荷重の8割以下[※]としているか　□
　〔※風による荷振れ、急旋回した場合の作業半径の拡大を考慮〕

| **H** | **移動式クレーン作業** ② 積載形トラッククレーンによる駐車等 |

◎水平な場所に駐車し、しっかりサイドブレーキを引く
◎過積載は厳禁！

(a)車両の周囲は立入禁止措置　　(c)サイドブレーキ　　(b)輪止め(後輪)

☆安全な管理、及び安全な状態

(1)公道の場合、「駐車禁止」区域に駐車していないか　　□
(2)私道の場合、土地所有者の駐車許可を得たか　　□
(3)水平で堅固な路面に駐車しているか　　□
(4)シフトレバーはパーキングに入れ、サイドブレーキを確実に引いたか　　□
(5)後輪に輪止めはしているか　　□
(6)カラーコーンとセフティバーで立入禁止措置をしているか　　□
(7)クレーン装置は収納(走行時)状態にしているか　　□
(8)施錠をしているか　　□

☆安全な行動

(1)運転席を離れる時の措置は良いか　　□
　〔指差し呼称で上記(4)～(8)を確認〕
(2)鍵を携帯しているか　　□

ご安全に！その2　過積載は厳禁

　積載形トラッククレーンのクレーン装置の質量は約 900 ～ 1,200kg で、最大積載荷重に含まれているので注意が必要です。例えば最大積載荷重 4,000kg の車両に 1,200kg のクレーン装置が搭載されている場合、荷は 2,800kg しか積載できません。

H 移動式クレーン作業 ③ 積載形トラッククレーンによる作業

◎急旋回と前方旋回禁止！[※1]
◎強風時は作業中止[※2]

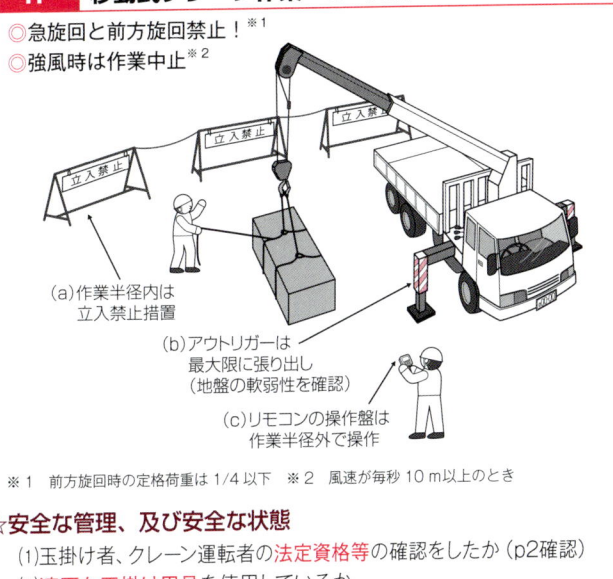

(a) 作業半径内は立入禁止措置
(b) アウトリガーは最大限に張り出し（地盤の軟弱性を確認）
(c) リモコンの操作盤は作業半径外で操作

※1　前方旋回時の定格荷重は 1/4 以下　※2　風速が毎秒 10 m 以上のとき

☆安全な管理、及び安全な状態
(1) 玉掛け者、クレーン運転者の法定資格等の確認をしたか（p2確認）　□
(2) 適正な玉掛け用具を使用しているか　□
(3) 作業半径内は関係者以外立入禁止措置をしているか　□
(4) 合図方法を定め、合図者を指名しているか　□
(5) 作業場所の地盤の軟弱性、水平であるかを確認したか　□
(6) アウトリガーを最大限に張り出し敷板等で水平な足元を確保しているか　□

☆安全な行動
(1) 適正な玉掛け方法をしているか　□
(2) 急旋回・前方旋回をしていないか　□
(3) 介添えロープを使用しているか　□
(4) つり荷は定格荷重の8割以下※としているか　□
〔※風による荷振れ、急旋回による作業半径の拡大を考慮〕

Ⅳ 事例編

1 玉掛けワイヤロープの切断による災害と対策

玉掛けワイヤロープが切れてつり荷が落下し、玉掛け作業者Aに激突。

[災害の主な要因]
(1)ワイヤが損傷していた。
(2)鋼材は2本重ねで、かつワイヤロープが2本4点半掛けだった（a）。
(3)つり角度が30度以下だった（b）。
(4)当てものをしなかった（c）。
(5)Aはつり荷の下に立ち入っていた（d）。

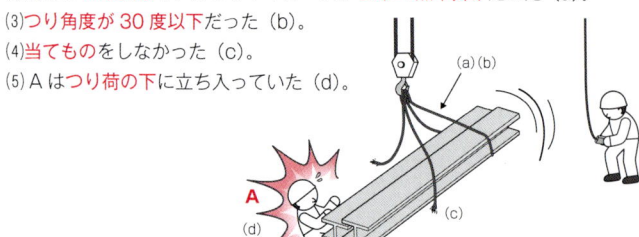

★再発防止対策
(1)作業開始前にワイヤに断線・腐食・キンクがないか点検する。
(2)一度に1本ずつつることとし、専用のつりビームを使用する（a）。
（ベルトスリング・ワイヤロープの場合は2本2点目通しつりで当てものをする）
(3)介添えロープでつり荷を誘導する。

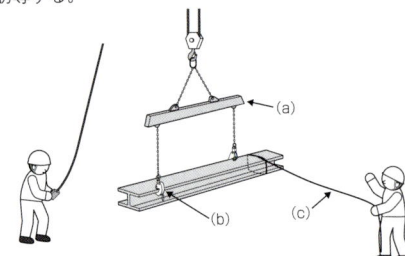

(a) つりビーム
(b) H形鋼横つり用クランプ
(c) 介添えロープ

【作業前点検】ワイヤロープ・つり具等

J　長尺物のつり荷による災害と対策

不安定な状態のつり荷（鋼管）が落下し、真下にいた玉掛け者に激突。

[災害の主な要因]
(1) 1本つりで、かつ長尺物の両端をベルト等で束ねていなかった（a）。
(2) 半掛け2本つりまたはあだ巻き2本つりなどで、かつ、つり角度が30度以下だった（b）。
(3) 介添えロープを使用しなかった。

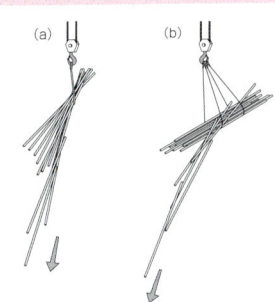

★再発防止対策
(1) 両端をベルト等で束ね固縛する（a）。
(2) 2本4点あだ巻きつり（b）、または2本2点目通しつりにする（c）（つり角度60度程度）。
(3) 専用台車に載せ2本2点目通しつりにする（d）。
(4) 介添えロープでつり荷を誘導する（e）。
(5) つり荷の下への立ち入りは厳禁とする。

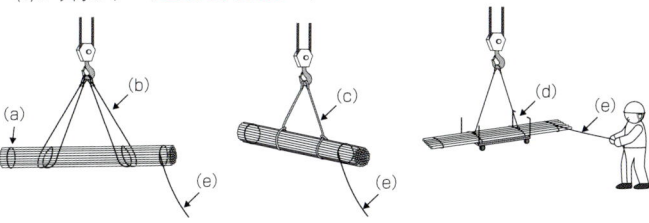

対策例（1）
2本4点あだ巻きつり

対策例（2）
2本2点目通しつり

対策例（3）
専用台車に乗せて
2本2点目通しつり

【厳守】長尺物の1本つりは禁止

K 天井クレーン点検時の災害と対策

天井クレーンのガーダ上を作業者Aが移動中、バランスを崩して開口部から墜落。

[災害の主な要因]
(1) ガーダの内側は手すりが設置できないため開口状態であった。
(2) 開口部（トロリの両側）からの墜落・転落防止措置がなかった。
(3) Aは安全帯を着用していたが外側の手すりにフックをかけていなかった。

★再発防止対策
(1) トロリの両側にスライド式安全ネットを設置する (a)。
(2) ガーダ上両端に手すり(中さん・幅木付き)を設置する (b)。
(3) 常時安全帯を使用する。

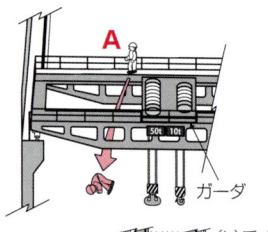
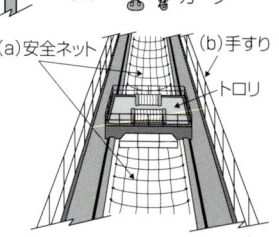

【厳守】点検時は安全帯を必ず使用

ご安全に！その3　ランウェイからも墜落の危険

保守点検でランウェイ上を通行する場合、手すりがなく幅が狭いので、上記災害と同様にバランスを崩して墜落するおそれがあります。墜落防止措置として壁面側に手すりを設け、水平親綱等を設置しましょう。

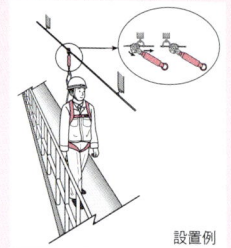

設置例

L　積載形トラッククレーンの転倒による災害と対策

積載形トラッククレーンのブームを前方に急旋回させたところ、クレーンが転倒し操作者Aが下敷きとなる。

[災害の主な要因]
(1)アウトリガーを最大限に張り出しせず、敷板を使用しなかった（a）。
(2)Aはクレーン操作を旋回範囲の中で行っていた（b）。
(3)定格荷重に近い質量のつり荷を前方に急旋回させた（前方旋回時の定格荷重は1/4以下）（c）。

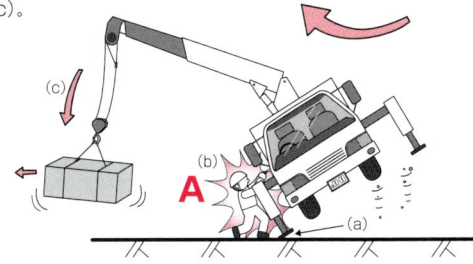

★再発防止対策
(1)堅固な敷板を敷きアウトリガーは最大限に張り出しをする（a）。
(2)作業半径外でリモコンで操作をする（b）。
(3)前方旋回は禁止とする（c）。
(4)介添えロープを使用してつり荷を誘導する（d）。
(5)つり荷は定格荷重の8割以下とする。

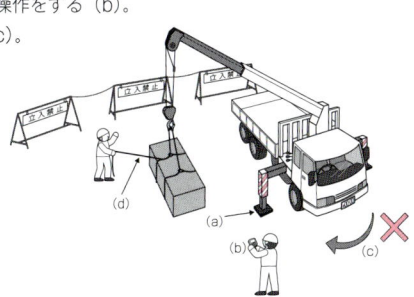

【厳守】急旋回・前方旋回の禁止

M 床上操作式クレーンによる災害と対策

つり荷（大容積）状態でクレーンを走行中、玉掛け作業者Aがクレーンの脚部に激突されてひかれる。

[災害の主な要因]
(1) Aはクレーンを背にして脚部の走行路上で誘導していた。
(2) Aは脚部が近づいてきたことに気がつかなかった。
(3) Bは大きなつり荷に気をとられ、Aの動きを確認しないで操作をした。

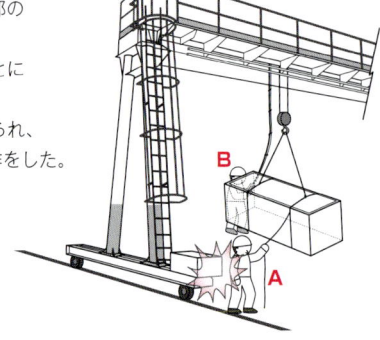

★再発防止対策
(1) クレーンの走行路は防護支柱とチェーンで立入禁止とし、作業者通路と床色表示で区別する（a）。
(2) 脚部の前後に非常停止板を設置（b）し、かつ前後・左右の側面に巻き込まれ防止の防護板（c）を設置する。
(3) 脚部の前後に警告音付きの回転灯（d）を設置する。
(4) Aはつり荷を前に見ながらつり荷を介添えロープで誘導する。

クレーンが走行中です。退避してください。

(d)回転灯
(c)防護板（前後・左右の側面）
(a)差込式の防護支柱とチェーン、床色表示
(b)非常停止板

N 大型移動式クレーンの転倒による災害と対策

表面積の大きいつり荷が強風であおられて大型移動式クレーンが急旋回して転倒、つり荷が仮事務所に激突した。

[災害の主な要因]
(1)強風にもかかわらずクレーン作業を中止しなかった（a）。
(2)作業半径はつり荷の定格荷重限度に近い状態だった。
(3)地盤が軟弱で安定性が悪く、アウトリガー接地面が沈下した（b）。
(4)左側のアウトリガーを最大限に張り出していなかった（c）。

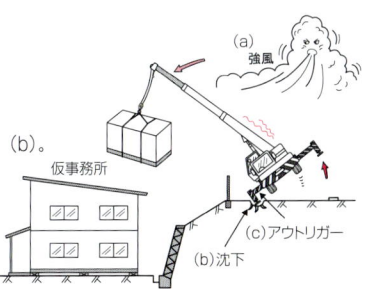

★再発防止対策
(1)風速毎秒10m以上はクレーン作業は中止する（a）。
(2)つり荷は定格荷重の8割以下とする。
(3)敷鉄板を水平に敷き（b）、接地面積を大きくする。
(4)アウトリガーは最大限に張り出し、敷板を敷く（c）。
(5)介添えロープを使いつり荷を誘導する（d）。
(6)立入禁止措置を行う（e）(f)。

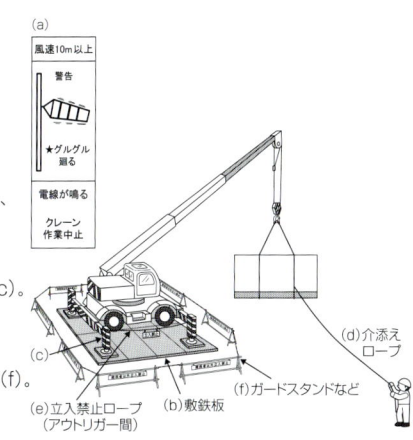

Ⅴ 資料編

0 クレーンの主な安全管理（クレーン則より）

クレーン則　第2章　クレーン

走行クレーンと建設物等との間隔[第13条]
建設物等との間の歩道[第14条]
運転室等と歩道との間隔[第15条]
検査証の備付け[第16条]
使用の制限[第17条]

設計の基準とされた負荷条件[第17条の2]
巻過ぎの防止[第18条、第19条]
安全弁の調整[第20条]
外れ止め装置の使用[第20条の2]
特別の教育[第21条]

就業制限[第22条]
過負荷の制限[第23条]
傾斜角の制限[第24条]
定格荷重の表示等[第24条の2]
運転の合図[第25条]

搭乗の制限[第26条、第27条]
立入禁止[第28条、第29条]〔※1〕
並置クレーンの修理等の作業[第30条]
運転禁止等[第30条の2]
暴風時における逸走の防止[第31条]
　※暴風：瞬間風速が30m/sをこえる風

強風時の作業中止[第31条の2]〔※2〕
強風時における損壊の防止[第31条の3]
運転位置からの離脱の禁止[第32条]
組立て等の作業[第33条]〔※3〕
定期自主検査[第34条、第35条]

作業開始前の点検[第36条]
　※巻過防止装置、ブレーキ、クラッチ及びコントローラーの機能、ランウェイの
　　上及びトロリが横行するレールの状態、ワイヤーロープが通っている箇所の状態
暴風後等の点検[第37条]〔※4〕
自主検査等の記録[第38条]
補修[第39条]

〔※1〕【第29条】次の1～6に該当する場合はつり上げられている荷の下に労働者を立ち入らせないこと。
　1　ハッカーを用いて玉掛けをした荷がつり上げられているとき
　2　つりクランプ1個を用いて玉掛けをした荷がつり上げられているとき
　3　1箇所に玉掛けをした荷がつり上げられているとき
　4　複数の荷が一度につり上げられる場合で、結束・箱などに入れる等により固定されていないとき
　5　磁力または陰圧によって吸着されている荷がつり上げられているとき
　6　動力下降以外の方法でつり荷またはつり具を下降させるとき

〔※2〕【解釈例規】「強風」とは、10分間の平均風速が10m/s以上の風をいう。

〔※3〕【解釈例規】「大雨」とは、1回の降雨量が50ミリメートル以上の降雨をいう。
　「大雪」とは、1回の降雪量が25センチメートル以上の降雪をいう。

〔※4〕【解釈例規】「中震以上の震度の地震」とは、震度4以上の地震をいう。

P 移動式クレーンの主な安全管理（クレーン則より）

クレーン則　第3章　移動式クレーン

移動式クレーン検査証[第59条]
検査証の有効期間[第60条]
検査証の備付け[第63条]
巻過防止装置の調整[第65条]
安全弁の調整[第66条]

作業の方法等の決定等[第66条の2]〔※1〕
外れ止め装置の使用[第66条の3]
特別の教育[第67条]
就業制限[第68条]
過負荷の制限[第69条]

傾斜角の制限[第70条]
定格荷重の表示等[第70条の2]
使用の禁止[第70条の3]〔※2〕
アウトリガーの位置[第70条の4]
アウトリガー等の張り出し[第70条の5]

運転の合図[第71条]
搭乗の制限[第72条・第73条]〔※3〕
立入禁止[第74条・第74条の2]
強風時の作業中止[第74条の3]
強風時における転倒の防止[第74条の4]

運転位置からの離脱の禁止[第75条]
ジブの組立て等の作業[第75条の2]
定期自主検査[第76条・第77条]
作業開始前の点検[第78条]

〔※1〕【解釈例規】第1項第1号「作業の方法」には、一度につり上げる荷の重量、荷の積卸し位置、移動式クレーンの設置位置、玉掛けの方法、操作の方法等に関する事項がある。第1項第2号「転倒を防止するための方法」には、地盤の状況に応じた鉄板等の敷設の措置、アウトリガーの張り出し、アウトリガーの位置等に関する事項がある。

〔※2〕【解釈例規】「地盤が軟弱であること、埋設物その他地下に存する工作物が損壊するおそれがあること等」の「等」には、法肩の崩壊等が含まれる。

〔※3〕【第72条】労働者を運搬し、又は労働者をつり上げて作業させてはならない。
【第73条】作業の性質上やむを得ない場合又は安全な作業の遂行上必要な場合は、移動式クレーンのつり具に設けた専用のとう乗設備（☆）に労働者を乗せることができる。

（☆）とう乗設備の転むい及び脱落防止措置、安全帯の使用、とう乗設備ととう乗者との総重量の1.3倍に相当する重量に500kgを加えた値が定格荷重を超えないこと

Q 玉掛けの主な安全管理（クレーン則より）

クレーン則　第8章　玉掛け
玉掛け用ワイヤロープの安全係数[第213条] ※安全係数6以上
玉掛け用つりチェーンの安全係数[第213条の2] ※安全係数原則5以上
玉掛け用フック等の安全係数[第214条] ※安全係数5以上 ※「フック等」にはシャックルも含む
不適格なワイヤロープの使用禁止[第215条]〔※1〕
不適格なつりチェーンの使用禁止[第216条]〔※1〕
不適格なフック、シャックル等の使用禁止[第217条]〔※1〕
不適格な繊維ロープ等の使用禁止[第218条]〔※1〕
リングの具備等[第219条]
使用範囲の制限[第219条の2]
作業開始前の点検[第220条]
就業制限[第221条]〔※2〕
特別の教育[第222条]

〔※1〕「不適格な」は「B　玉掛け用具の管理」(p4)を参照
〔※2〕「就業制限」は「I　玉掛け・クレーン等作業に必要な法定資格」(p2)を参照

[注意]

① 玉掛けワイヤロープと台付けワイヤロープの違い

玉掛けワイヤロープはクレーン等で荷をつり上げるもので、台付けワイヤロープは物を固定するものです。アイの丸差し部分も違い、かつ前者の安全係数は6以上、後者は4以上です。

② つり上げ荷重

「つり上げ荷重」とはクレーン等の機械が荷をつり上げることのできる能力のことであって、玉掛けをする荷の質量のことではありません。

ご安全に！その4　玉掛け作業の更なる安全のために

法定ではつり上げ荷重が0.5t以上1t未満の場合は特別教育修了者が玉掛け作業を行うことができるとされていますが、つり上げ荷重が1t未満のクレーン、1t以上のクレーン等が作業場所に混在している場合は特別教育修了者が1t以上の玉掛けを行うことがないように、社内基準として技能講習修了者を配置することをお勧めします。

執　筆：中野洋一（労働安全コンサルタント　元中災防安全管理士）
デザイン：㈱ジェイアイ
イラスト：髙橋晴美

参考資料：
(a) 一般社団法人　日本クレーン協会「クレーン等安全規則の解説」
　　「移動式クレーン運転の安全」「玉掛け作業の安全」
(b) 労働新聞社　「安全スタッフ」連載「イラストで学ぶリスクアセスメント」
(c) 三井住友建設「安全の手引」
(d) 中災防「あなたを守る！作業者のための安全衛生ガイド　玉掛け作業」

安全確認ポケットブック　玉掛け・クレーン等の災害の防止

平成25年7月25日　第1版第1刷発行
令和 6 年5月28日　　　　第4刷発行
　　　編　者　中央労働災害防止協会
　　　発行者　平山　剛
　　　発行所　中央労働災害防止協会
　　　　　　　〒108-0023　東京都港区芝浦3－17－12
　　　　　　　　　　　　　吾妻ビル9階
　　　　　　　TEL　　　＜販売＞03－3452－6401
　　　　　　　　　　　　＜編集＞03－3452－6209
　　　　　　　ホームページ　https://www.jisha.or.jp/
　　　印　刷　新日本印刷㈱

乱丁・落丁本はお取替えします。　©JISHA 2013

本書の内容は著作権法によって保護されています。
本書の全部または一部を複写（コピー）、複製、転載
すること（電子媒体への加工を含む）を禁じます。

©JISHA2013　21421-0104
定価308円（本体280円＋税10％）
ISBN978-4-8059-1511-0 C3060 ¥280E